AF860715

Les Météorites, messagères de l'espace

La science partagée

En quelques années, les nouveaux moyens d'observation et les grandes avancées scientifiques ont bouleversé nos connaissances de l'Univers.

Plus que jamais, le public a besoin d'établir un dialogue avec les chercheurs pour satisfaire sa soif d'information. L'objectif de l'Espace des sciences est de mettre les sciences à la portée de tous, afin que la culture scientifique devienne une composante essentielle de la culture, de l'éducation et du savoir lui-même.

Installé dans les Champs libres, dans le cadre de Rennes Métropole, aux côtés de la bibliothèque et du musée de Bretagne, l'Espace des sciences organise son activité autour de quatre axes :

- réalisation de nombreuses expositions temporaires et permanentes, activités de médiation scientifique en lien avec les sujets exposés.

- animation scientifique d'un planétarium numérique afin de populariser l'astronomie.

- édition d'une revue mensuelle de la recherche *Sciences Ouest* et développement d'un site multimédia www.espace-sciences.org

- organisation des mardis de l'Espace des sciences, conférences publiques sur des thèmes d'actualité.

D'autres ouvrages paraîtront dans cette collection pour vous permettre de mieux comprendre le monde. Bonne lecture et bienvenue à l'Espace des sciences !

Jacques Lucas
Président de l'Espace des sciences

Michel Cabaret
Directeur de l'Espace des sciences

L'auteur : Inventeur du céléscope et conférencier, **Bernard Melguen** est chargé de cours d'astronomie à l'université de Nantes et conseiller scientifique à l'Espace des sciences de Rennes. Ses travaux portent sur l'histoire des sciences ainsi que sur les liens qui unissent l'astronomie à la mythologie.

ISBN 978-2-84398-425-9

Bernard Melguen

Les Météorites

messagères de l'espace

Éditions Apogée

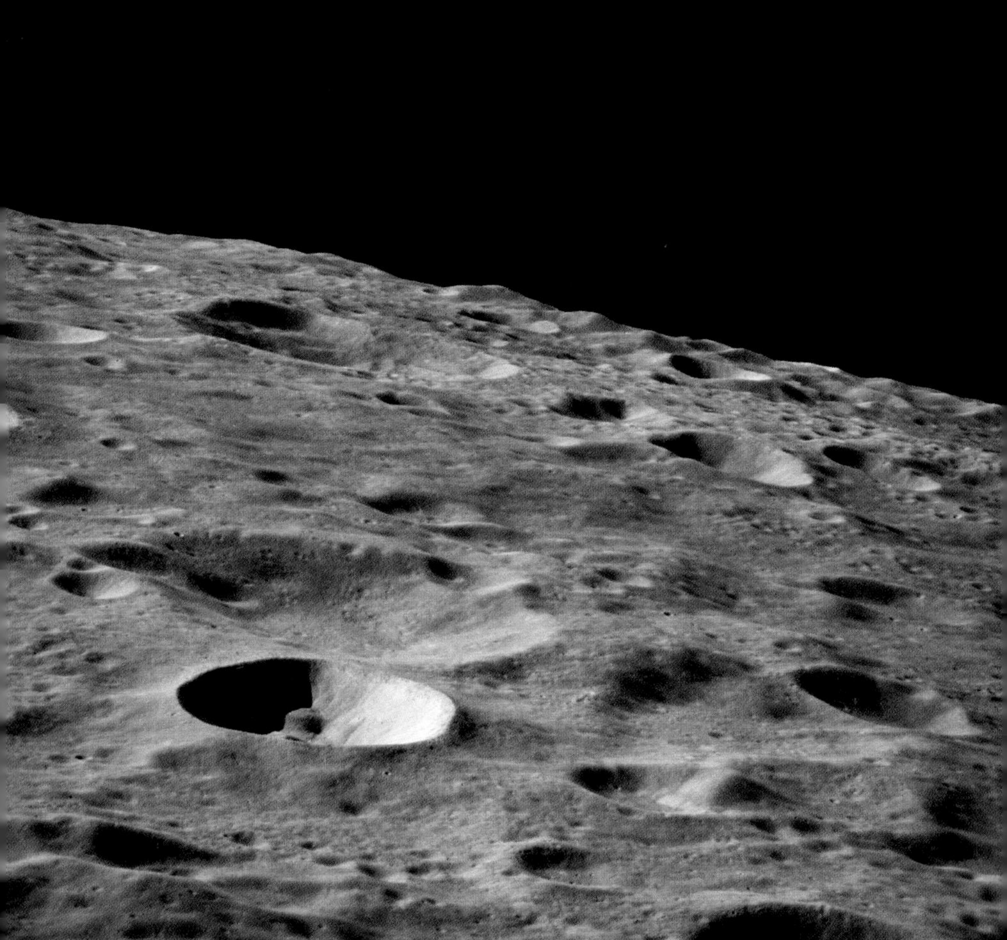

FIG. 1. La Lune, dépourvue d'atmosphère et d'eau liquide, est un astre mort. Sa surface a gardé la trace d'innombrables cratères, de toutes les tailles, creusés par des météorites (© NASA).

Introduction

« Nous sommes dans l'inconcevable,
mais avec des repères éblouissants »
René Char

Les Gaulois, dit-on, ne craignaient qu'une seule chose : c'est que le ciel ne leur tombe sur la tête. Crainte justifiée car, de fait, le ciel tombe. Pas en entier mais par morceaux, et toujours sans prévenir.

Le phénomène est spectaculaire : une boule de feu surgit dans le ciel et presque aussitôt vient percuter le sol dans un fracas assourdissant. Des pierres noirâtres s'éparpillent sur une large étendue. Parfois on découvrira avec surprise qu'il s'agit de fer à l'état pur.

Ce bombardement céleste, à la fois imprévisible et constant, dure depuis des millénaires. On évalue à quelques centaines de milliers de tonnes la masse globale des météorites qui tombent chaque année sur la Terre. Notre planète en garde de nombreuses cicatrices, tout autant que la mémoire des peuples.

Objets de frayeur autant que de vénération, les pierres qui tombent du ciel ont longtemps été considérées comme des prodiges. La chute d'une météorite est un phénomène inattendu, brutal et inéluctable. Un phénomène irrationnel sur lequel la science a longtemps refusé de se pencher.

Aujourd'hui les météorites ne sont plus des prodiges. Mais prodigieuses sont les informations qu'elles nous apportent. C'est grâce à elles qu'il est maintenant possible de connaître l'âge du système solaire ainsi que de préciser les conditions de sa naissance. Depuis peu, nous avons également la preuve que c'est la chute d'une météorite qui a contribué à éradiquer 80 % de la vie sur Terre, il y a 65 millions d'années.

Mais si les météorites constituent une réelle menace, elles ne sont pas toujours synonymes de destruction : certains savants avancent l'hypothèse que ce sont elles qui auraient apporté les premiers germes de la vie sur notre planète.

Il a fallu attendre le début du XIXe siècle pour que l'Académie des sciences accepte l'idée que des pierres puissent effectivement provenir de l'espace. Il a fallu attendre encore un siècle et les années 1900 pour que certains éléments radioactifs découverts dans les météorites nous ouvrent de nouveaux horizons. Et c'est seulement depuis quelques décennies que des outils d'analyse très sophistiqués nous permettent de recueillir de précieuses informations au cœur des météorites, qui sont maintenant devenues les pierres les plus précieuses que nous connaissions.

FIG. 2. Cette météorite de fer, nommée « La Willamette », a été découverte en 1902 dans l'Oregon (États-Unis). D'une masse de 15,5 tonnes, elle est exposée ici au Muséum d'histoire naturelle de New York (© DR).

Quelques météorites légendaires

Des pierres qui tombent du ciel : un prodige !

Qu'on les nomme *bolides, pierres de foudre, pierres de tonnerre*, ou météorites, le scénario est toujours le même. Soudain un objet lumineux apparaît dans le ciel. Très vite, sa traînée lumineuse se scinde en plusieurs fragments. Puis c'est le choc, accompagné d'un grondement de tonnerre quand il vient percuter la Terre au terme de sa course. Sur les lieux de l'impact, on recueillera plusieurs débris rocheux dont le poids pourra varier de quelques grammes à plusieurs tonnes. Hormis leur couleur sombre, ces pierres ressemblent le plus souvent à de banals cailloux.

Les témoignages de ces chutes insolites se retrouvent sur toute notre planète, dès l'invention de l'écriture il y a 5 000 ans. Phénomènes exceptionnels et mystérieux, les météorites ont longtemps fait partie de la catégorie des « prodiges ». Le ciel étant considéré comme le domaine du divin, les pierres qui en tombaient étaient donc perçues comme des messages que les dieux adressaient aux hommes. En voici quelques exemples.

La Bible témoigne

Vers 1450 avant notre ère, la ville de Gabaon située à 10 km au nord de Jérusalem est attaquée par une coalition de cinq rois que Josué parvient à mettre en déroute, grâce à une intervention céleste. « Comme ils fuyaient devant Israël et qu'ils étaient dans la descente de Béthoron, le Seigneur fit tomber du ciel sur eux de grosses pierres jusqu'à Azéquah et ils en moururent. Ceux qui moururent par cette grêle de pierres furent plus nombreux que ceux que les fils d'Israël tuèrent par l'épée » (Livre de Josué, chapitre x, verset 11).

Fig. 3. La météorite sacrée de l'empereur Élagabal, ou Héliogabale (204-222), figurée ici sur une pièce de monnaie romaine (d'après A. Carion).

Fig. 4. La Kaaba à la Mecque, célèbre lieu de pèlerinage des musulmans (© Shahin Olakara).

Pierres mythiques dans l'antiquité gréco-romaine

Dans l'antiquité gréco-romaine les météorites ont été l'objet d'un culte fervent sur tout le pourtour méditerranéen. Issues du ciel et donc chargées d'une puissance divine, elles ont souvent contribué à asseoir sur Terre un pouvoir politique et religieux.

La plus fameuse d'entre elles est sans doute la météorite d'**Aegos Potamos** tombée en 467 avant notre ère. Pline l'Ancien en témoignera encore cinq siècles plus tard : « Une pierre tomba du ciel en plein jour près du fleuve Aegos Potamos en Thrace. Aujourd'hui on peut toujours voir cette pierre de couleur brune et qui a la taille d'un char » (*Histoire Naturelle*, Livre II, 149).

La Pierre noire de Pessinonte

La Pierre noire de Pessinonte en Asie mineure est une autre météorite célèbre. Dédiée à Cybèle, divinité anatolienne vénérée comme la mère des dieux, elle fut apportée à Rome en 204 avant J.-C. où un temple lui fut construit sur le mont Palatin.

Le bétyle d'Élagabal

Enfin rappelons le fameux bétyle d'**Élagabal**, cette pierre sacrée qui était adorée par les Phéniciens à Émèse (actuellement Homs en Syrie). Le grand prêtre de ce culte le transporta à Rome où il se fit sacrer empereur en 218 après J.-C. sous le nom d'Héliogabale. Trônant seul à côté de cette météorite noire de forme conique, le tout jeune empereur parcourait solennellement les rues de la capitale, sur un char tiré par six chevaux blancs.

La Pierre noire de la Mecque

C'est à la Mecque que se trouve aujourd'hui la pierre la plus vénérée du monde. Cette fameuse « Pierre noire » appelée aussi *Yamin Allah* (la main droite de Dieu) est scellée dans l'angle nord-est de la Kaaba, édifice cubique construit au centre de la mosquée Al-Haram.

La tradition rapporte qu'elle a été « envoyée par le ciel ». Selon les uns c'est l'archange Gabriel qui l'aurait donnée à Abraham. Selon d'autres il s'agirait d'une météorite provenant de la planète Vénus.
Lors de leur pèlerinage à la Mecque, les musulmans font serment de fidélité en touchant et en embrassant cette pierre sacrée qui, selon eux, devrait témoigner de leur foi lors du Jugement dernier.
À ce jour, aucune étude scientifique n'a été autorisée, qui permettrait de confirmer ou d'infirmer la nature météoritique de la Pierre noire de la Kaaba.

Météorites en Chine

Le ciel et l'étude des phénomènes célestes sont au cœur de la culture chinoise. Non seulement le Soleil, la Lune, les planètes et les étoiles y retiennent la plus grande attention, mais aussi les météorites nommées *xing yun cheng shi*, ce qui signifie « étoile qui tombe et changée en pierre ». Dans la Chine ancienne, l'empereur était considéré comme le « fils du ciel » car, selon la tradition, c'est du ciel qu'il tenait son « mandat » pour pouvoir régner sur son peuple. Par contre la chute soudaine d'une météorite était, aux yeux de tous, le signe incontesté que l'empereur venait de perdre le « mandat du ciel ».
Ainsi, dans une chronique de l'an 211 avant notre ère on peut lire qu'une étoile tomba jusqu'à terre et se convertit en pierre. Les habitants du lieu firent graver dessus ces paroles : « Shi Huang Ti est prêt de mourir et son empire sera détruit. » Apprenant cela l'empereur fit massacrer tous les habitants de la région et brisa la pierre. Cette pierre tombée du ciel préfigura sa pierre tombale. En effet, quelques mois plus tard, à la 7e Lune, la même chronique note la mort brutale du souverain. C'est cet empereur Shi Huang Ti, plus connu sous le titre de Qin (prononcé « Tchin » c'est-à-dire « le premier ») qui donnera son nom à cet immense pays nouvellement unifié : la Chine.
Plus récemment, le 8 mars 1976, une pluie de météorites tomba sur Jilin en Mandchourie. Les villageois prirent peur et malgré leur récente éducation marxiste, ils y virent le signe que le président Mao Tsé Toung avait perdu le mandat du ciel. Coïncidence : six mois plus tard, le 9 septembre, le Grand Timonier disparaissait.

Du fer pur tombé du ciel !

De nombreux métaux, tels que l'or, l'argent ou le cuivre, peuvent se rencontrer à l'état pur dans le sol. Mais pour le fer ce n'est jamais le cas.

Ce qu'il est convenu d'appeler « l'âge du fer » est tardif : il ne débute que vers 1200 avant J.-C. Auparavant, personne ne maîtrisait la technique pour extraire le fer de son minerai. Or les archéologues ont été stupéfaits de découvrir un peu partout dans le monde divers objets confectionnés en fer pur indiscutablement plus anciens que ce traditionnel « âge du fer ». L'énigme sera résolue seulement quand on établira que ce fer-là ne vient pas de la Terre… mais du ciel !

Ce qui caractérise le fer météoritique, c'est qu'il est parfaitement pur et toujours associé à environ 10 % de nickel, métal assez rare sur terre où il n'a été découvert qu'en 1751.

De surprenantes découvertes

En Iran, on a trouvé de petits objets en fer météoritique datant du Ve millénaire.

En Égypte, une dague en fer inoxydable a été découverte dans le tombeau de Toutankhamon (pharaon du XIVe siècle avant notre ère) ainsi que des perles de collier faites de ce même métal dans des tombes vieilles de plus de 5000 ans.

En Crète, du fer météoritique datant de l'époque minoenne a été identifié dans une tombe proche de Cnossos.

Lors de la conquête du Nouveau Monde, quand Cortès demanda aux **Aztèques** d'où provenaient les rares poignards qui étaient le privilège de leurs chefs, ceux-ci lui montrèrent le ciel.

En 1894, l'américain R. Peary part explorer le **Groenland**. Il y rencontre des Inuits qui utilisent couramment divers ustensiles en fer : lames de couteau,

Fig. 5. Réapparue récemment en Allemagne, cette statuette de 24 cm de haut représente le dieu Vaisravana. Elle a été sculptée il y a 1000 ans dans une météorite de fer pur. Surnommée *Iron man*, elle fut ramenée du Tibet en 1938 par des nazis. On notera le swastika gravé sur sa poitrine. Ce symbole sacré éminemment positif et très présent dans le bouddhisme, est à l'origine de la croix gammée nazie (qui inversera son sens de rotation… !) (© AFP - Elmar Buchner)

pointes de harpon, etc. Interrogé sur l'origine de ces objets, un guide le conduit jusqu'au cap York où gisent d'énormes blocs de fer météoritique dans lesquels les Inuits taillaient leurs outils.

Après trois ans d'efforts, Peary réussira à transporter en Amérique le plus massif d'entre eux qu'il vendra au Muséum d'histoire naturelle de New York pour 40 000 $. Pesant 31 tonnes, cette météorite de fer qui est la deuxième plus grosse au monde, s'y trouve encore aujourd'hui.

Enfin très récemment, en Allemagne, vient de réapparaître une étonnante statuette représentant le dieu Vaisravana. Sculptée il y a environ 1000 ans dans une météorite de fer et surnommée *Iron Man*, elle fut ramenée du **Tibet** en 1938 par des nazis. On sait que ces derniers, pour élaborer leur croix gammée, se sont inspirés (en le modifiant) du célèbre swastika, symbole sacré originaire d'Inde qui orne cet objet.

Fig. 6. La météorite de fer pur nommée « Ahnighito » (« la tente » en Inuit), pesant 31 tonnes et découverte au Groenland par Peary en 1894 (© DR).

Sumer

Datés d'environ 5 000 ans, des textes sumériens notent l'existence d'un nouveau métal qu'ils appellent « AN BAR » et qu'on traduit généralement par « métal céleste ». On comprendra plus tard qu'il s'agit de fer météoritique.

Égypte

Parallèlement, des hiéroglyphes signifiant « métal tombé du ciel » attestent que ce même fer météoritique était également connu dans l'Égypte ancienne (bi-n-pet).

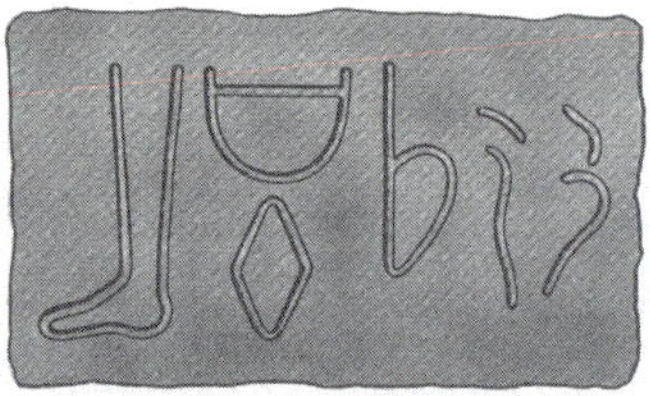

FIG. 7. Hiéroglyphe d'une météorite que l'on peut traduire par « fer tombé du ciel ». Divers bijoux et outils confectionnés en fer météoritique ont été retrouvés dans les tombeaux des pharaons.

Le fer cosmique

Aujourd'hui nous comprenons mieux que du fer puisse tomber du ciel ! En effet, nous savons qu'il est l'un des corps les plus abondants de l'univers (le huitième) et surtout l'élément chimique le plus stable.

Étymologie céleste

Le fer en grec se dit *sidêros* alors que *sidera* en latin désigne les étoiles. Même si les deux mots semblent très proches, les linguistes nous mettent en garde : ce sont de faux amis, ils n'ont rien en commun ! Or voici que l'astrophysique s'en mêle : les deux mots pourraient avoir la même origine, puisqu'il est clairement établi aujourd'hui que le premier fer connu et travaillé sur terre vient « d'étoiles » que les hommes ont vu tomber du ciel. Sidérant… non ?

Un long débat scientifique

Des pierres qui tombent du ciel ? Impossible !...

Dans le monde entier, toutes les traditions populaires considèrent les météorites comme des événements surnaturels, des messages énigmatiques que le ciel adresse aux hommes, tandis que la science, elle, pendant 2000 ans s'opposera vigoureusement à cette croyance. Irrités par le halo de superstitions qui entoure ce phénomène auquel ils ne trouvent aucune explication rationnelle, de nombreux savants, de Aristote à Lavoisier inclus, décideront de nier tout simplement son existence.

Dans *Les Météorologiques,* Aristote propose l'explication suivante : les pierres que l'on dit tombées du ciel ont en fait été soulevées puis transportées par des vents puissants, avant de retomber à terre loin de leur lieu d'origine.

D'autres soutiendront qu'il s'agit de roches crachées par des volcans terrestres ou lunaires.

Vingt siècles plus tard, Lavoisier lui-même réfutera absolument l'origine extraterrestre des *pierres de tonnerre*. Ayant analysé une pierre tombée le 13 septembre 1768 près de la ville de Lucé (Maine), il conclut dans son discours à l'Académie royale des sciences : « Cette pierre n'est point tombée du ciel; elle n'est autre chose qu'une espèce de grès pyriteux, qui n'a rien de particulier [...] Cette pierre aura été frappée par la foudre [...], la chaleur aura été assez grande pour fondre la superficie de la partie frappée. » Or nous savons aujourd'hui que cette pierre était bien une météorite.

Ernst Chladni, un précurseur inspiré

En cette fin du XVIIIe siècle Ernst Chladni est un juriste allemand reconverti à la physique, qui se passionne pour les pierres tombées du ciel. Dans un petit livre de 63 pages qu'il publie en 1794, il sera le premier à soutenir l'idée que ces corps ont une origine extraterrestre et non pas atmosphérique.

C'est l'étude d'une très grosse masse de fer pur, trouvée en Sibérie par le naturaliste Pallas, qui l'a définitivement convaincu. Considérant que des pluies de roches sont des phénomènes physiquement impossibles, les savants du Siècle des lumières rejettent la théorie de Chladni.

Cependant, une série de chutes spectaculaires va bientôt enflammer les esprits : à Sienne (Italie, 1794), à Wold Cottage (Grande-Bretagne, 1795), à Évora Monte (Portugal, 1796), à Bénarès (Inde, 1798)... et bientôt la célèbre chute de L'Aigle en Normandie.

À L'Aigle, le 26 avril 1803 : une chute qui fera date...

Le 6 floréal de l'an XI (26 avril 1803), en ce début d'après-midi, des paysans travaillent aux champs dans la petite commune de L'Aigle, en Normandie. Le temps est calme, le ciel limpide, quand soudain retentissent plusieurs explosions semblables à des coups de canon. À la stupeur de tous, une averse de pierres s'abat soudain sur la campagne. On en ramassera entre deux et trois mille (la plus grosse pesant environ 8 kg), que l'on confiera pour analyse au physicien **Jean-Baptiste Biot**. Après de longues et minutieuses investigations, celui-ci rendra son rapport à l'Académie des sciences. C'est ce rapport qui va tout changer.

Un tournant historique

En conclusion d'une minutieuse enquête, J.-B. Biot déclare que ces chutes sont bien d'origine cosmique. Pour la première fois « les pierres qui tombent du ciel » viennent de quitter le domaine du mythe pour entrer officiellement dans celui de la science.

FIG. 8. Un précurseur : le physicien allemand Ernst Chladni, soutient dès 1794 l'hypothèse que les pierres qui tombent du ciel ont une origine extraterrestre (© DR).

Ayant conscience du caractère historique de sa thèse, Biot termine par ces mots : « Je m'estimerai heureux si j'ai réussi à mettre hors de doute un des plus étonnants phénomènes que les hommes aient jamais observés » (Paris, le 18 juillet 1803).

Le concept est nouveau. Pour le désigner on invente donc un mot nouveau. Exit les pierres de foudre et autres pierres de tonnerre… Bienvenue aux **météorites** ! Devenues des « objets scientifiques », un nouvel avenir s'ouvre maintenant pour ces pierres pas comme les autres. Elles vont beaucoup nous apprendre, tant sur le passé de notre planète que sur celui du système solaire. Mais pour cela, il faudra attendre près de 150 ans, pendant lesquels s'élaboreront la théorie des atomes, puis celle de la radioactivité* et aussi de nouveaux outils d'investigation : les spectromètres de masse et les sondes ioniques*. Une science nouvelle verra le jour : **la cosmochimie** ou chimie de l'espace, aujourd'hui en plein essor.

* Les termes suivis d'un astérisque sont définis dans le glossaire, p. 62.

Fig. 9. Timbre-poste émis en 1988 pour célébrer la météorite de Hoba en Namibie (Afrique du sud-ouest) C'est le plus gros bloc naturel de fer connu à ce jour sur la Terre. Pesant environ 60 tonnes, tombée du ciel il y a moins de 80 000 ans et restée sur place, elle contient 84% de fer pur, 16% de nickel et quelques traces de cobalt [voir aussi p. 41] (© DR).

Un ou *une* météorite ?

Mot nouveau, météorite entrera officiellement dans le dictionnaire en 1822. Comme pour le sexe des anges, il sera indifféremment masculin ou féminin. Néanmoins aujourd'hui l'usage a privilégié le féminin.

Météoride, météore et météorite

Les spécialistes nomment **météoride** un corps solide, issu de l'espace interplanétaire, qui pénètre dans l'atmosphère de la Terre et **météorite** ce même corps quand il a touché le sol. Mais, dans l'usage courant, le mot météorite recouvre les deux sens précédents. Le **météore** lui, désigne la traînée lumineuse qui sillonne alors le ciel.

Un bolide

Le mot bolide a une singulière destinée. Il est entré dans notre vocabulaire au XVIe siècle avec le sens de météorite. Très vite synonyme de vitesse, il qualifie les automobiles dès 1907, les avions (1913), les jeux de balle (1935) et la pratique du ski (1969). On a calculé qu'une météorite est, de fait, le projectile le plus rapide que nous connaissions. Sa vitesse peut dépasser 100 000 km/h.

Chutes et trouvailles

Par convention, on nomme **chutes** les météorites qu'un observateur a vu tomber et **trouvailles** celles qui sont trouvées plus tard, soit par hasard, soit par des prospecteurs.

Origine des météorites

En ce début du XIXe siècle, le physicien français J.-B. Biot a donc tranché une question qui faisait débat depuis plus de 2000 ans. Mais son rapport à l'Académie des sciences soulève aussitôt une nouvelle interrogation : ces débris rocheux d'origine extraterrestre, d'où viennent-ils exactement ? Quels corps sont leurs parents ?
Pendant très longtemps les météorites resteront des pierres orphelines. Il faudra attendre 50 ans pour que s'esquisse le début d'une réponse.
Cependant deux ans plus tôt, par une heureuse coïncidence, un astronome sicilien fait une découverte qui va se révéler capitale pour résoudre cette énigme…

La découverte des astéroïdes

Au cours de la nuit du 1er janvier 1801, le père **Giuseppe Piazzi**, directeur de l'observatoire de Palerme, aperçoit dans son télescope un nouvel astre qui brille faiblement dans la constellation du Taureau. C'est une petite planète — moins d'un dixième du diamètre de la Terre — qui recevra le nom de Cérès, divinité protectrice de la Sicile et antique déesse romaine des moissons.
Et, de fait, c'est toute une moisson de découvertes qui va suivre. Cérès n'est que la toute première pièce d'un gigantesque puzzle qui prendra forme peu à peu. Sur cette même orbite on détectera, année après année, d'autres « petites planètes » (Pallas, Junon, Vesta, etc.) puis une multitude de corps rocheux, de formes irrégulières, de tailles diverses, parfois très petits, qui gravitent autour du Soleil, entre les planètes Mars et Jupiter. Pour désigner ces astres d'un type nouveau on formera un mot nouveau : les **astéroïdes***.

À la fin du XIXe siècle on en comptera 450 et de nos jours, leur nombre avoisine les 400 000 unités (pour des corps de plus de 1 km).

Les astéroïdes : corps parents des météorites

En 1854, alors que le nombre d'astéroïdes identifiés frôle maintenant la trentaine, l'astronome britannique **Robert P. Greg** (1826-1906) avance l'idée que ce sont eux les « corps parents » des météorites. Des recherches s'engagent et peu à peu, des preuves concordantes viendront valider cette hypothèse.

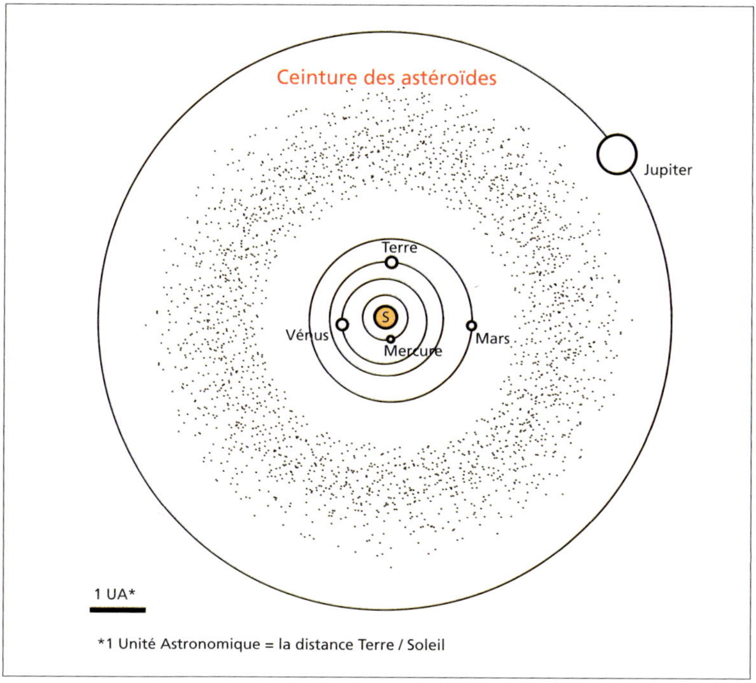

FIG. 10. La ceinture des astéroïdes qui circulent entre Mars et Jupiter.

Grâce à des photographies puis à des films, on réussira à calculer la trajectoire cosmique de certaines météorites et donc, à voir qu'elles proviennent bien de la ceinture des astéroïdes. D'autre part, l'analyse de la lumière réfléchie par ces mêmes astéroïdes commence à nous renseigner sur leur composition, qui se révélera globalement conforme à celle des météorites étudiées en laboratoire. Aujourd'hui le fait est avéré : la plupart des météorites ont une origine *astéroïdale*. Mais comment ces corps rocheux, si éloignés de la Terre, peuvent-ils parvenir jusqu'à nous ?

Naissance des météorites

Des collisions aléatoires se produisent constamment entre les astéroïdes. Des blocs informes en sont alors éjectés. Et ce sont ces rochers vagabonds qui, au terme d'une longue dérive dans l'espace, finiront par s'écraser sur le Soleil, sur la Terre, ou sur une autre planète. Ainsi naissent les météorites.

Il arrive aussi que des astéroïdes percutent la **Lune** ou **Mars**, nos proches voisines. Les nombreux cratères qui parsèment leur surface le montrent clairement [*cf.* p. 4]. Quand l'impact est suffisamment violent, il arrache de leur sol des fragments rocheux qui s'en échappent en raison de la faible gravité de ces astres. Commence alors une longue errance dans l'espace, qui peut durer des centaines de millions d'années, au terme de laquelle certains d'entre eux croiseront un jour notre planète.

Enfin, ultime menace, les astronomes envisagent l'éventualité (beaucoup plus exceptionnelle) que la Terre soit percutée par une **comète** surgie des confins du système solaire et soudain déviée de sa course. Comme ce fut le cas pour la comète Shoemaker-Levy que l'on a vu, en direct, s'écraser sur la planète Jupiter, au cours du mois de juillet 1994.
Mais si les comètes représentent un danger potentiel pour la Terre, on a découvert qu'elles sont à l'origine d'un autre phénomène, inoffensif celui-là et très spectaculaire : la chute de très petites météorites qu'on appelle **étoiles filantes**.

FIG. 11. Une pluie d'étoiles filantes, par effet de perspective, semble provenir d'un même lieu appelé son « radiant » (© DR).

Des petites météorites : les étoiles filantes

L'expression *étoile filante* est imagée mais scientifiquement inexacte. Elle suggère qu'une étoile se décrocherait soudain de la voûte céleste, signalant sa chute par une brève traînée lumineuse.

En fait, les étoiles filantes ne sont pas des étoiles mais des **poussières cométaires** qui pénètrent dans l'atmosphère de la Terre à très grande vitesse. Comme leur masse est faible, elles sont très vite freinées ; elles s'échauffent

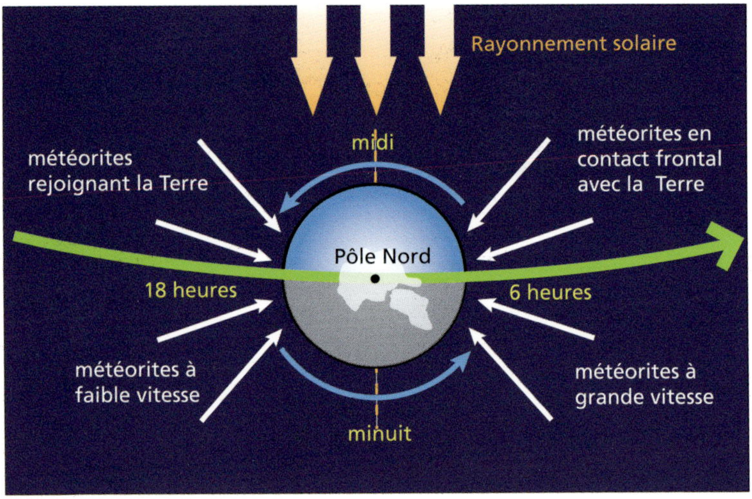

FIG. 12. Les heures les plus favorables pour observer les étoiles filantes vont de minuit jusqu'au lever du soleil, en raison du mouvement de translation de la Terre.

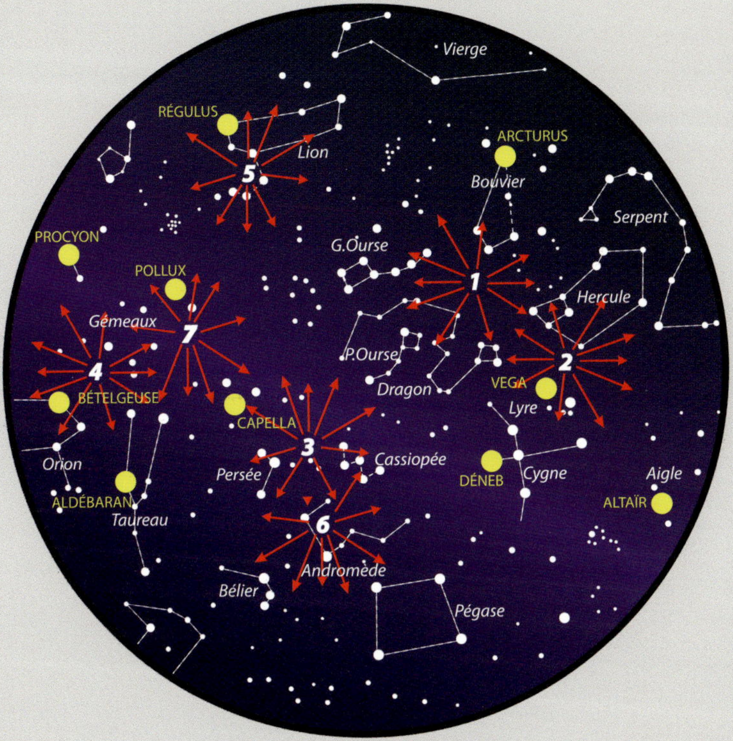

Fig. 13. Principaux essaims d'étoiles filantes.

Noms des météores et dates d'apparition :

1 - Quadrantides (2-3 janvier)

2 - Lyrides (19-22 avril)

3 - Perséïdes (9-14 août)

4 - Orionides (16-22 octobre)

5 - Léonides (14-18 novembre)

6 - Andromédides (17-23 novembre)

7 - Géminides (9-12 décembre)

jusqu'à 3 000°, s'allument brièvement vers 80 km d'altitude, puis disparaissent en se consumant.
Les astronomes ont calculé que les comètes qui reviennent périodiquement perdent environ 0,1 % de leur masse chaque fois qu'elles s'approchent du Soleil. Les grains de poussière rocheuse qu'elles éjectent parsèment alors l'orbite de notre planète à des endroits précis et identifiés.
Comme le parcours orbital de la Terre autour du Soleil est régulier, il est facile de prévoir à quelle date chaque année « notre vaisseau cosmique Terre » croisera à nouveau sur sa route tel ou tel nuage de ces débris cométaires.
Une étoile filante peut être solitaire mais généralement on parle d'**essaims** ou de **pluie d'étoiles filantes**. En effet, selon la densité des poussières rencontrées, on pourra compter jusqu'à une centaine de chutes à l'heure.
Les essaims d'étoiles filantes portent toujours le nom de la constellation d'où elles semblent provenir. Par exemple, les célèbres Perséides du 11 août (surnommées les larmes de la Saint-Laurent) sont associées à la constellation de Persée, les Géminides à celle des Gémeaux etc.
Et comme le montre le schéma [*cf.* p. 24], on comprend que c'est la deuxième partie de la nuit qui est la plus propice aux observations.
On estime à environ 10 tonnes la masse des étoiles filantes qui tombent chaque jour sur la Terre.

Le 19 juillet 2011, peu après 5 h du matin, une météorite a traversé le ciel breton pour éclater au dessus de la forêt de Brocéliande.
Sa détonation a été entendue dans un rayon d'environ 100 km et sa luminosité fut telle qu'il fit grand jour durant l'explosion.

Les trois catégories de météorites

Comment reconnaître une météorite ?

Ce qui caractérise les météorites, c'est d'abord leur aspect : elles sont généralement recouvertes d'une fine pellicule noire appelée **croûte de fusion*** qui est due à l'échauffement qu'elles ont connu pendant leur traversée de l'atmosphère. Ce qu'on note ensuite, c'est leur densité souvent supérieure à celle d'une roche terrestre, qui s'explique par la présence de fer (détectable avec un aimant).

Pendant longtemps, on a classé les météorites en deux grandes catégories : les **pierreuses** (ou aérolithes*) qui sont les plus nombreuses, et les **ferreuses** (ou sidérites*) auxquelles on ajoutait une troisième sorte, plus rare et mixte : les **sidérolithes***. Leur bilan s'établit comme suit.

NOM	DENSITÉ	COMPOSITION	ORIGINE	% DE CHUTES
PIERRES (aérolithes)	de 3,4 à 3,8	Silicates		
Chondrites			Astéroïdes indifférenciées	86 %
Achondrites			Manteau d'astéroïdes	8 %
FERS (sidérites)	de 7,6 à 8	Fer-nickel	Noyau d'astéroïdes	5 %
MIXTES (sidérolithes)	Intermédiaire	Silicates + fer-nickel	Manteau ou croûte d'astéroïdes	1 %

Fig. 14. Météorite de fer trouvée à Gibeon (Namibie). Sa surface polie puis attaquée à l'acide fait apparaître ces étonnants dessins appelés « figures de Widmanstätten » (© B. Melguen).

Fig. 15. Cette belle météorite a été trouvée à Esquel, en Argentine, en 1951. Elle est constituée d'une trame de fer et de nickel dans laquelle se détachent des grains d'olivine. Elle fait partie de la catégorie des pallasites (© Muséum de Toulouse).

Les météorites pierreuses

1) Les météorites les plus fréquentes sont les **chondrites*** (86 % du total). Elles contiennent quelques grains métalliques et surtout des **chondres*** d'où elles tirent leur nom (du grec *khondrion* : « granules »). Ce sont des petites sphères silicatées, mesurant de 0,1 à quelques millimètres. Inconnues dans les roches terrestres, leur forme résulte d'une fusion suivie d'un brutal refroidissement.
2) Comme leur nom l'indique, les **achondrites*** ne contiennent pas de chondres. Beaucoup moins fréquentes (8 % du total) et très pauvres en métaux, elles ressemblent à des basaltes terrestres.

Les météorites ferreuses

Les **sidérites** (5 % du total) sont les météorites les plus spectaculaires. Composées de fer pur associé à du nickel, on les rencontre souvent sous forme de blocs compacts qui peuvent atteindre plusieurs tonnes. Mais ce qui distingue fondamentalement ce fer cosmique du fer terrestre, ce sont des dessins étonnants : les « **figures de Widmanstätten** », ainsi nommées en mémoire du chimiste autrichien qui les a décrites en 1808. On les obtient en attaquant légèrement à l'acide nitrique la surface polie du métal. On a établi que ces structures géométriques résultent du refroidissement extrêmement lent de l'alliage fer/nickel présent au cœur de certains astéroïdes. Elles constituent la signature du fer cosmique, qu'aucun procédé artificiel ne peut reproduire.
Roger Caillois disait à leur propos qu'elles sont : «... les seuls dessins que l'homme connaisse, qui ne soient pas terrestres » (Extrait de « Recette » dans *Minéraux*, de R. Caillois).

Les météorites mixtes

Les **sidérolithes** ne représentent que 1 % des chutes, elles sont rares. Comme leur nom l'indique elles sont un mixte entre les deux catégories précédentes : les pierres et les fers.

Les astéroïdes : des fossiles galactiques

La classification des météorites en pierres et en fers est à la fois simple et ancienne. Aujourd'hui, les cosmochimistes préfèrent classer les météorites selon leur corps d'origine : les astéroïdes **différenciés ou non différenciés**.

Le processus de différenciation

Rappelons que les planètes du système solaire se sont formées par agrégation progressive d'objets plus petits. Puis, une fois constitués, les corps massifs ont commencé à se « différencier ». Ce mot signifie que sous l'effet de différentes causes (dont la radioactivité naturelle), ils ont subi un réchauffement qui les a transformés. Non seulement les planètes mais également les astéroïdes les plus massifs ont suivi cette évolution. Quand un astre subit un processus de différenciation*, son matériau d'origine fond et se sépare en plusieurs couches distinctes. Les éléments métalliques (fer, nickel) migrent vers le centre, tandis que les minéraux moins denses (riches en sodium, aluminium, calcium) progressent vers la surface.

Les astéroïdes non différenciés

À l'opposé, il existe des astéroïdes plus petits et non différenciés. C'est-à-dire qu'ils n'ont pas fondu et n'ont donc pas subi de transformations notables depuis leur naissance. À la différence de la Terre ils n'ont pas de noyau, pas de

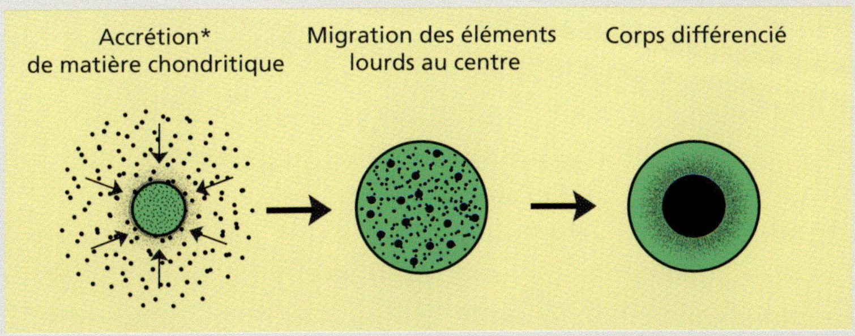

FIG. 16. Les différentes étapes de la formation des planétoïdes.

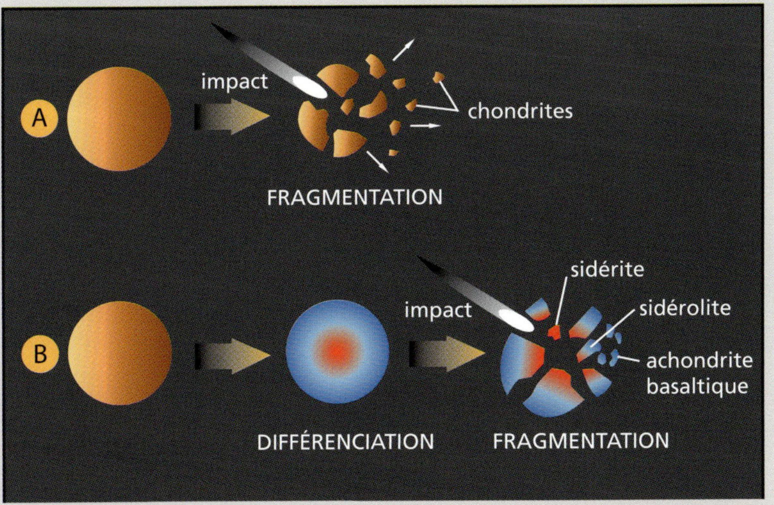

FIG. 17. Genèse des différentes catégories de météorites par fragmentation d'astéroïdes (d'après R. Trompette et C. Allègre).

manteau rocheux ni de croûte. D'où leur intérêt exceptionnel : ces astéroïdes sont de véritables « fossiles galactiques ».

Les chondrites carbonées

Les chondrites, corps non différenciés, sont les météorites les plus primitives. Parmi celles-ci, une minorité a retenu tout particulièrement l'attention des chercheurs : ce sont les chondrites carbonées.
Elles ont une apparence rocheuse, mais leur composition ne ressemble à aucune roche connue. Leur analyse a montré qu'elles ont environ 4,6 milliards d'années et que leur composition est très proche de celle du Soleil — exceptés, bien sûr, les éléments gazeux tels que l'hydrogène et l'hélium. D'où l'intérêt considérable que suscitent ces météorites : elles constituent des échantillons de la matière primitive qui a donné naissance au système solaire.
Étant les plus vieux objets que nous connaissions sur Terre à ce jour, les chondrites carbonées sont considérées comme « les pierres de Rosette de nos origines ».

Retour sur la formation des astéroïdes

Pendant longtemps, on a cru qu'ils représentaient les débris d'une planète éclatée. Puis, au cours du XXe siècle, c'est l'étude des météorites qui nous a éclairés sur l'identité de leurs **corps parents** : les astéroïdes.
On a compris que ces milliers de fragments rocheux sont en fait des matériaux primitifs qui n'ont pas réussi à s'agglomérer pour former une planète.
On les compare souvent à des briques abandonnées sur un chantier de construction. N'ayant pas servi, elles sont demeurées inchangées depuis la formation du système solaire. Ce qui n'est pas le cas pour les roches terrestres qui, soumises à de constantes transformations, ont perdu toutes traces de leur passé lointain.

Les météorites
et la radioactivité

Vermines du ciel ou pierres précieuses ?

Au cours du XXe siècle, notre regard sur les météorites va considérablement évoluer. Perturbés dans leurs observations par la multiplicité grouillante des astéroïdes, certains astronomes les qualifieront de vermine du ciel. Mais en 1896, la découverte de la radioactivité naturelle va tout changer. Grâce à une nouvelle théorie des atomes et de nouveaux instruments d'analyse, **les éléments radioactifs contenus dans les météorites** vont nous révéler de nombreuses informations sur leur âge, leur structure intime et les conditions qui ont présidé à leur naissance. Ce qui, rétrospectivement, va nous éclairer sur la véritable nature de leurs corps parents : les astéroïdes.
La vermine du ciel se métamorphosera donc en pierres précieuses, quand nous commencerons à décrypter les précieux messages qu'elles détiennent.

La radioactivité : une nouvelle horloge

C'est Henri Becquerel qui découvre la radioactivité naturelle en 1896 et Marie Curie qui invente le mot pour désigner ce nouveau phénomène. Procédons à un bref rappel de physique nucléaire.
Toute la matière que nous connaissons est constituée d'atomes classés dans le fameux *tableau de Mendeleïev* qui comprend 92 éléments naturels (de l'hydrogène à l'uranium). Chaque atome d'un élément est constitué d'électrons qui entourent un noyau, lui-même formé de protons associés à un nombre variable de neutrons (particules neutres et massives).

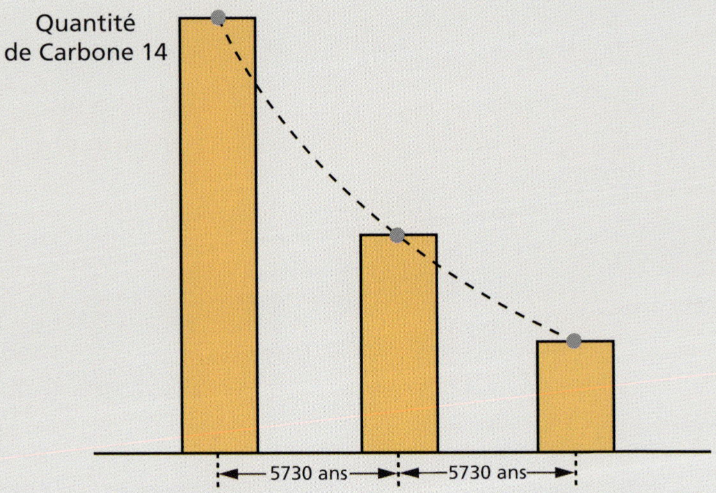

Fig. 18. Ce schéma illustre la désintégration radioactive du carbone 14. Cette méthode de datation est à ce jour la plus connue.

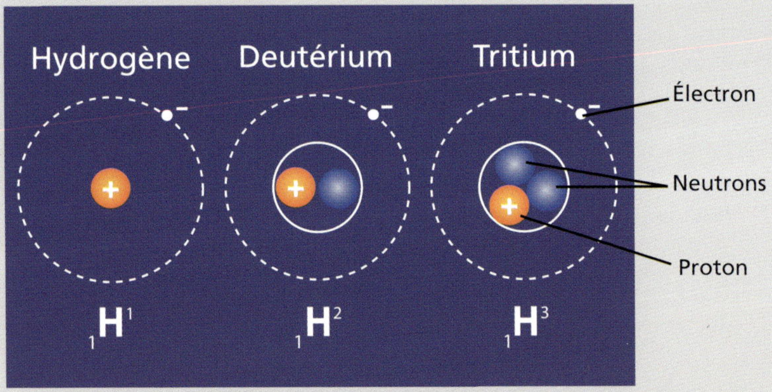

Fig. 19. L'hydrogène, corps le plus simple compte 3 isotopes. Seul l'hydrogène H3, appelé aussi tritium, dont le noyau comprend 2 neutrons, est radioactif.

La plupart des atomes sont stables, mais quelques-uns, qui contiennent un nombre excessif de neutrons, sont instables. On les nomme *isotopes* radioactifs*, c'est-à-dire qu'ils se désintègrent spontanément pour donner de nouveaux atomes plus légers, en émettant des radiations nucléaires (*alpha, béta, gamma*).

Or on a constaté que, pour chaque élément radioactif donné, cette transmutation se déroule toujours selon un rythme régulier et mesurable : c'est sa *période radioactive*.

On l'appelle aussi sa demi-vie car c'est le temps au bout duquel la moitié des atomes radioactifs contenus dans un échantillon se seront désintégrés. On parle alors d'atomes d'un *élément-père* qui se transmutent en atomes d'un *élément-fils*. Et puisqu'il est question de rythme et de période, on a très vite utilisé la radioactivité comme une véritable *horloge* apte à mesurer des longues durées.

Très tôt mises en œuvre, ces techniques se perfectionneront tout au long du XXe siècle, avec la mise au point des *spectromètres de masse*, puis des *sondes ioniques*. Par exemple, en archéologie, on aura recours au carbone 14 dont la période est de 5730 ans, et pour les temps plus longs de la géologie on interrogera d'abord l'uranium radioactif détecté dans les roches.

On parlera alors de *radiométrie*, de *radiochronologie*, de *chronologie isotopique* ou encore de *datation isotopique**.

Le détail de cette méthode dépasse nettement le cadre du présent ouvrage. Pour l'essentiel, elle consiste ici à comparer dans une roche la teneur en élément radioactif initial (*élément-père*) à celle de son produit de transmutation (*élément-fils*).

Trouver cette proportion, c'est connaître le temps nécessaire pour cette transformation, c'est-à-dire l'âge de la roche.

Des pierres à remonter le temps

Jusqu'en 1953 les géologues estimaient l'âge de la terre à 2,3 milliards d'années. Tout changera en 1955 quand l'américain C. Patterson fera remonter la naissance du système solaire à 4,56 milliards d'années, grâce à la chronologie des isotopes uranium/plomb trouvés dans des météorites.

Enfin c'est depuis 1987 que l'analyse isotopique des météorites s'est révélée fondamentale pour les astrophysiciens : l'examen des grains pré-solaires qu'on y a découverts a permis de mieux comprendre les phénomènes de nucléosynthèse, qui nous racontent comment se forment les atomes au cœur des étoiles. Analyser au microscope ionique les atomes qui composent les météorites, et observer au télescope la lumière qui nous parvient des étoiles lointaines, voici deux approches complémentaires, déjà pressenties par Victor Hugo : « Où finit le télescope, le microscope commence. Lequel des deux a la vue la plus grande ? » (*Les Misérables,* 4e partie, livre troisième, III).

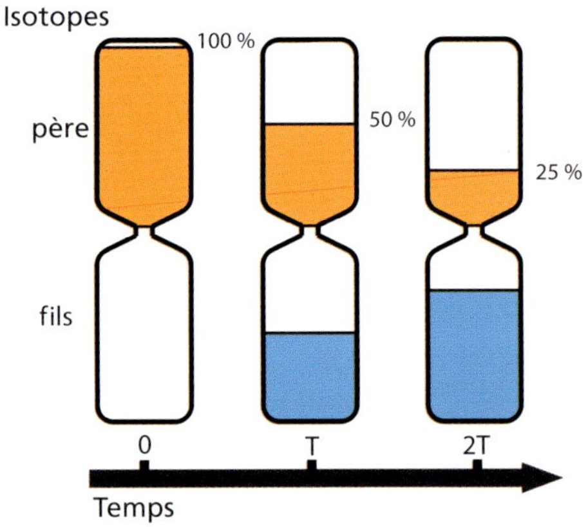

Fig. 20. Le principe de l'horloge radioactive ressemble à celui du sablier. Pour évaluer le temps écoulé, on compare la quantité de sable descendue dans la partie basse (élément-fils) à celle qui subsiste dans la partie haute (élément-père). Chaque élément radioactif se désintègre selon une période T caractéristique qui constitue sa signature propre.

La chasse aux météorites

De nos jours, les météorites sont de plus en plus recherchées, autant par les laboratoires de cosmochimie que par les collectionneurs et bien sûr... les marchands. Car ces pierres pas comme les autres peuvent atteindre des prix astronomiques. Une météorite martienne peut valoir jusqu'à 100 fois plus que son poids en or. Les chances de voir tomber une météorite, pour en récolter ensuite quelques fragments, sont infiniment réduites : des statisticiens ont calculé qu'il tomberait environ 4400 météorites de plus d'un kilogramme chaque jour sur la Terre. Mais sur ce nombre, seule une douzaine serait collectée chaque année... Pourquoi ? Il faut considérer que les mers et océans occupent 71 % de la surface terrestre, auxquels s'ajoutent les nombreux déserts, zones montagneuses et forêts. En fait les régions habitées par les hommes sont très réduites, ce qui diminue considérablement la probabilité pour chacun de voir des pierres tomber du ciel. Les chasseurs de météorites ont été surnommés *les chercheurs d'or des temps modernes*. Les grands déserts secs de la planète constituent leurs terrains de prospection privilégiés : tel le Sahara, le désert du Yémen ou celui de l'Atacama au Chili.

L'Antarctique : un nouvel Eldorado

En décembre 1969, lors d'un voyage d'étude en Antarctique, des glaciologues japonais ont trouvé par hasard, sur la glace bleue, quelques fragments rocheux qui se sont révélés être des météorites. Depuis cette date, on a multiplié les découvertes. Un mécanisme naturel d'accumulation, qui concentre les météorites dans certaines zones, a été mis en évidence, ce qui facilite leur collecte [*cf.* p. 38]. On évalue à environ 25000 le nombre de météorites récoltées à ce jour en Antarctique, par des expéditions scientifiques de diverses nationalités.

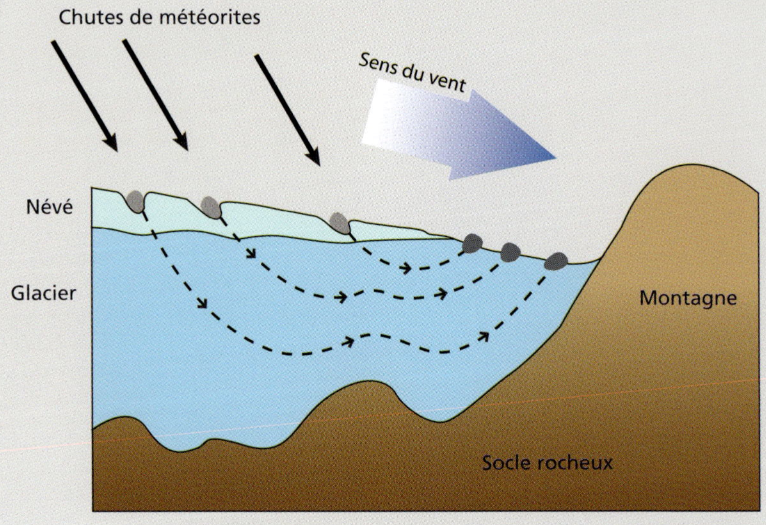

FIG. 21. Mécanisme de concentration des météorites dans l'Antarctique.

FIG. 22. Timbre-poste émis en 1996 pour célébrer la découverte de micrométéorites par une expédition scientifique dans les glaces de la Terre Adélie (partie française de l'Antarctique). (© DR)

De la chute à l'impact

« Calme bloc ici-bas chu d'un désastre obscur. »

Stéphane Mallarmé

Une météorite se dirige vers la Terre : sa vitesse dans l'espace, appelée **vitesse cosmique**, est évaluée à 40 km/s. Notre planète, elle, avance sur son orbite à 30 km/s. Selon l'angle d'attaque — à revers ou bien frontal —, les vitesses vont donc se soustraire ou s'ajouter, allant de 10 à 70 km/s. En moyenne, on estime cette vitesse de rencontre à 20 km/s, c'est-à-dire 72 000 km/heure !

La chute d'une météorite est un spectacle « son et lumière » exceptionnel :

• Quand le bolide pénètre dans l'atmosphère, il est freiné par l'air qui s'échauffe. Portée à plusieurs milliers de degrés, sa surface entre en fusion, se vaporise et disparaît au fur et à mesure de la chute. Ainsi la masse météoritique diminue : c'est le phénomène d'**ablation***.

• À partir d'une altitude de 100 km environ s'amorce un phénomène lumineux violent. Son intensité, toujours supérieure à celle d'une Pleine Lune, peut dans les cas extrêmes atteindre celle du Soleil. Cette traînée lumineuse, appelée **météore**, souvent blanche mais parfois jaune, verte ou rouge, pourra se voir jusqu'à des centaines de kilomètres.

• À une vingtaine de kilomètres d'altitude, la vitesse du bolide s'est réduite. La chaleur est maintenant insuffisante pour maintenir l'incandescence : généralement la boule de feu s'éteint. Elle n'est restée allumée que 20 secondes environ.

• Un **bang supersonique** retentit quand le bolide franchit le mur du son. Ce phénomène sonore est souvent comparé à des coups de canon ou à des coups

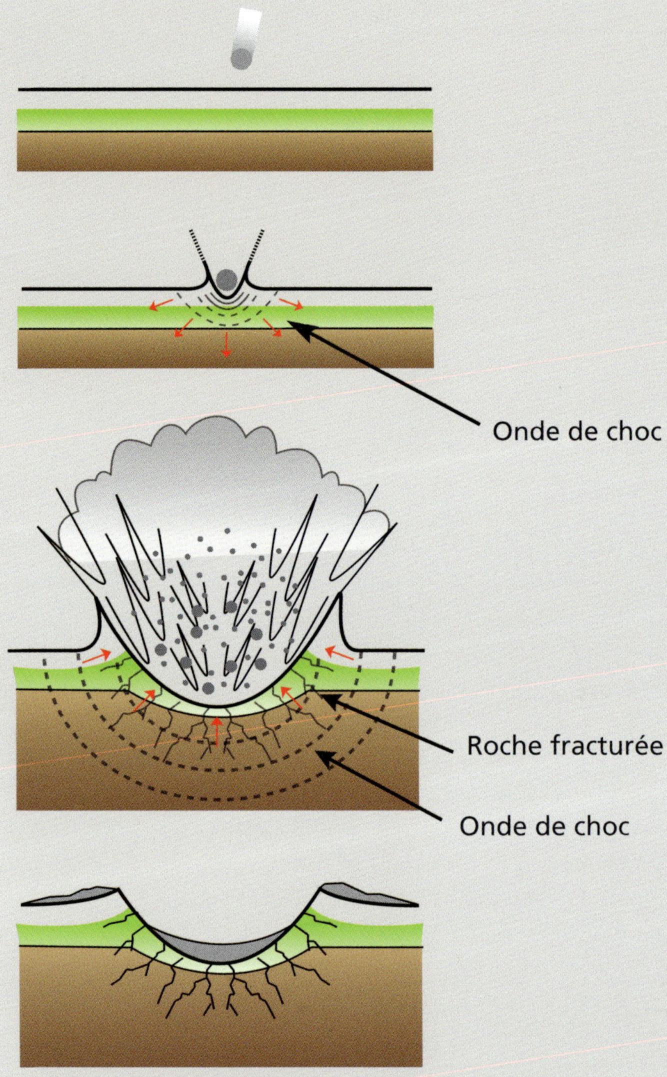

FIG. 23. Schéma de la formation
d'un cratère simple.

de tonnerre. Mais comme la météorite va beaucoup plus vite que le son, ce bruit ne parviendra à nos oreilles qu'après l'impact au sol !

• Les fragments qu'on retrouvera à terre sont recouverts d'une fine pellicule noire : c'est la **croûte de fusion** faite d'une matière fondue puis vitrifiée. Bien que sa surface ait été portée à de très hautes températures, l'intérieur de la météorite reste souvent à une centaine de degrés en dessous de zéro : une omelette norvégienne cosmique en quelque sorte.

L'impact

C'est d'abord la vitesse, mais aussi la masse et la nature du bolide qui détermineront quel sera son impact contre le sol. Plus une météorite a une faible masse, plus elle est freinée quand elle traverse l'atmosphère. Inversement, quand sa masse est élevée, elle poursuit sa course à très grande vitesse. Enfin,

FIG. 24. La météorite de Hoba (Namibie) est la plus grosse météorite de fer pur trouvée sur Terre et restée sur place. Son poids est estimé à environ 60 tonnes [voir aussi p. 18] (© Coda).

comme nous l'avons vu, il peut s'agir de pierre ou de métal. Les météorites pierreuses de 10 à 100 mètres de diamètre explosent en une pluie d'innombrables fragments. Et ceux-ci se disperseront toujours selon une surface elliptique très étendue de plusieurs kilomètres. Les météorites métalliques qui sont beaucoup plus denses résisteront mieux à cet éclatement. On a ainsi retrouvé un peu partout sur la Terre, des blocs de fer pur pouvant atteindre plusieurs dizaines de tonnes. Le plus gros d'entre eux, découvert en 1920 à Hoba en Namibie, pèse 60 tonnes.

L'énergie cinétique d'un projectile est donnée par la formule : $\mathbf{e = \frac{1}{2} mv^2}$ (ou m est la masse et v la vitesse). Quand une météorite percute le sol, cette énergie est libérée : elle produit alors une pression et une chaleur considérables. On voit que le facteur vitesse est ici primordial.

Il y a chute et chute...

Selon la vitesse, la taille et la nature des bolides, on distingue divers scénarios. Quand les pierres sont de petite taille, elles sont largement freinées et heurtent le sol sans grand dommage. Les plus petites, les micrométéorites, tombent discrètement sur le sol sans que nous les apercevions. Ensuite viennent les étoiles filantes, puis les météorites de taille moyenne qui sont freinées et s'enfonceront plus ou moins profondément dans la terre.

Enfin les très grosses météorites, à partir de 1 000 tonnes, creusent de profonds cratères et se volatilisent entièrement sous la violence du choc. La pression et la température produites étant considérables, il n'en restera rien !

On a calculé qu'un cratère aura un diamètre au moins 20 fois supérieur à celui de la météorite qui l'a creusé et un volume plus de 1 000 fois supérieur à celle-ci.

Soit une météorite pierreuse d'un diamètre de 40 cm, pesant 100 kg et animée d'une vitesse de 12 km/s qui vient percuter la Terre : l'énergie libérée sera de 20 milliards de joules, c'est-à-dire l'équivalent de 476 kg de TNT, ou encore 30 % de l'énergie libérée par la bombe d'Hiroshima ! (Exemple chiffré proposé par le cosmochimiste Matthieu Gounelle).

Les cratères d'impact

Le Meteor Crater en Arizona

Pendant très longtemps, on a pensé que les innombrables cratères de la Lune étaient dus à des volcans, puis l'idée qu'ils aient été creusés par des météorites s'est peu à peu imposée. Mais sur la Terre, cette hypothèse ne sera acceptée que tardivement.

En 1902, Daniel Barringer, homme d'affaire ambitieux et visionnaire, sera le premier à parier que la cuvette de Coon Mountain dans l'Arizona a été creusée par la chute d'une gigantesque météorite de fer, qui gît tout au fond du cratère… Et qui fera sa fortune pense-t-il ! Il achète le terrain et multiplie les forages pendant 26 ans. Hormis quelques menus fragments de fer et de nickel, ce pionnier ne trouvera jamais la masse de fer dont il rêvait. On sait aujourd'hui qu'elle a été totalement vaporisée par la puissance du choc. Barringer meurt, désespéré, le 30 novembre 1929. Mais ses recherches ont convaincu la communauté scientifique que cette cuvette a bien été creusée par l'impact d'une météorite. C'est le premier cratère de notre planète à avoir été identifié comme tel en 1930. D'autres suivront : on en compte près de 200 à ce jour. Rebaptisé **Meteor Crater**, il est le plus célèbre de tous. S'il a ruiné son propriétaire, il a fait la fortune de ses descendants qui l'exploitent aujourd'hui en tant que site touristique. Ce cratère mesure 1 200 m de diamètre et 190 m de profondeur (l'équivalent d'un immeuble de 60 étages). Son âge se situe entre 25 000 et 50 000 ans. On a calculé qu'il a été créé par une masse de fer et de nickel d'environ 50 m de diamètre, pesant 4 millions de tonnes et animée d'une vitesse de plus de 43 000 km/heure. L'énergie libérée par le choc est équivalente à 2,5 millions de tonnes de TNT (soit la puissance de 170 bombes

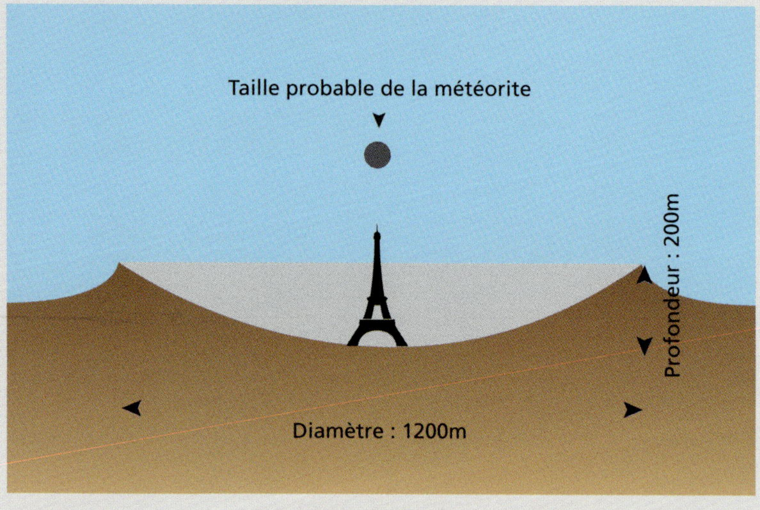

Fig. 25. Le Meteor Crater comparé à la Tour Eiffel.

Fig. 26. Le célèbre Meteor Crater en Arizona (États-Unis) (© Steve Jurvetson) .

d'Hiroshima). Dans les années 1960, il a servi de terrain d'entraînement pour les astronautes de la NASA qui devaient se rendre sur la Lune.

Un choc créatif

Une météorite de grande taille, animée d'une hypervitesse, creusera dans le sol un cratère qui sera toujours de forme circulaire, quel que soit l'angle d'attaque. Dans le même temps, l'énergie libérée lors du choc crée une chaleur et une pression considérables qui transformeront les roches impactées. La température s'élève à plusieurs milliers de degrés et la pression exercée équivaut à des millions de fois celle de la pression atmosphérique. Quand le sol contient du quartz, l'un des minéraux les plus répandus sur la terre, l'onde de choc modifiera profondément sa structure. On parlera alors de « **quartz choqué*** » caractérisé par de très fines lamelles de silice amorphe, très rares dans la nature. Les impacts les plus violents donnent aussi naissance à des **tectites*** (du grec *têktos* qui signifie « fondu »). Ce sont de petites billes de verre, produites à très haute température et projetées dans l'atmosphère où elles se refroidissent rapidement en prenant des formes régulières : en boutons, en larmes ou en poires. On les retrouve dispersées sur des centaines de kilomètres. Le plus souvent utilisées comme bijoux, elles sont relativement rares et prisées des collectionneurs. Quand les roches terrestres impactées sont riches en graphite, la violence du choc le transformera en **diamants**. C'est ce qui s'est passé il y a 35 millions d'années, quand s'est formé le cratère de Popigaï. Situé en Sibérie du Nord-Ouest, on y a découvert en 1971 des diamants pouvant atteindre le centimètre. Certes, ce ne sont pas des pièces de joaillerie mais leur quantité totale pourrait égaler celle de tous les gisements diamantifères du monde (selon J.-P. Poirier, spécialiste de ces questions).

Enfin, la chute d'une très grosse météorite produit plus banalement des **brèches d'impact**. Il s'agit de roches terrestres brisées et fondues auxquelles on a pendant longtemps attribué une origine volcanique. Ce sont des matériaux de construction de qualité.

Fig. 27. Quartz choqués : photo prise au microscope optique en lumière polarisée. Ce quartz a la particularité de contenir de fines lamelles de silice amorphe, créées par l'onde de choc d'une météorite.

Fig. 28. La ville de Nordlingen en Bavière a été construite dans un cratère créé par la chute d'une météorite il y a 15 millions d'années. La puissance de l'impact a transformé le graphite du sol en minuscules diamants que l'on retrouve dans les pierres des bâtiments de cette ville (© DR).

Les plus grands cratères de la Terre

À ce jour on a répertorié sur la Terre près de 200 cratères creusés par la chute de météorites massives. Et chaque année on en découvre de nouveaux. Les images satellitaires sont bien entendu d'un grand secours, mais l'identification n'est pas simple car notre planète est vivante. Recouverte à 70 % par des mers et océans, elle se modifie constamment, sous l'effet de la dérive des continents, de l'érosion ainsi que de la végétation. C'est la présence de quartz choqués, de brèches ou de tectites qui permettra d'identifier, sans erreur possible, l'origine météoritique d'un cratère.

On réserve le nom de **cratères d'impact** pour des formations relativement récentes, et **astroblèmes** pour les plus anciennes, fortement modifiées par l'érosion.

Comme on l'a vu, le Meteor Crater est le premier cratère d'impact à avoir été reconnu par la communauté scientifique. C'était en 1930, il y a moins d'un siècle… sur une Terre qui existait déjà depuis 4,5 milliards d'années !

Aujourd'hui, sur près de 200 cratères identifiés, on en a dénombré plus de 110 d'une taille comprise entre 100 m et 200 km, et que l'on a de surcroît, appris à dater. Voici les principaux d'entre eux, classés par ordre de taille décroissante.

• L'astroblème de **Vredefort**, au sud de Johannesburg (Afrique du Sud), est le plus grand et le plus vieux cratère d'impact connu sur Terre. D'un diamètre de 300 km, il s'est formé il y a environ 2 milliards d'années. Hormis du chrome en abondance, il contient la plus grande réserve mondiale de platine. Trois villes ont été construites dans ce cratère qui est inscrit au patrimoine mondial de l'UNESCO.

• L'astroblème de **Sudbury** au Canada (Ontario) arrive en seconde position. Âgé de 1,85 milliard d'années et d'un diamètre de 250 km, il offre le plus grand gisement de nickel de la planète, soit les 2/3 des ressources mondiales. Des études montrent que ce métal ne provient pas de la météorite responsable de l'impact, mais c'est le choc qui aurait libéré une poche métallique existant dans le magma à des dizaines de kilomètres de profondeur.

• Le cratère sous-marin de **Bedout**, récemment découvert au nord-ouest de l'Australie, serait le troisième par la taille avec un diamètre de 200 km et se serait formé il y a 250 millions d'années.

• En quatrième lieu, rappelons le cratère de **Popigaï**, situé en Sibérie. D'un diamètre de 100 km, il est plus récent puisque sa formation remonte à 35 millions d'années. Outre les diamants que nous avons évoqués plus haut, il serait très riche en métaux dits « stratégiques » et donc, à ce titre, tenus secrets.

• Le cratère de **Manicouagan** au Québec fait partie des sites les plus connus. Il date de 215 millions d'années, mesure 100 km de diamètre et constitue aujourd'hui un immense réservoir d'eau potable qui alimente deux centrales hydroélectriques.

• En 2006, deux satellites de la NASA ont détecté sous la couche de glace de la **Terre de Wilkes** en Antarctique une anomalie du champ de gravité qui évoque un cratère d'impact de 480 km de diamètre. Il se serait formé il y a 250 millions d'années à la fin du Permien, c'est-à-dire à une époque qui a vu la disparition de 95 % des espèces vivantes de la planète.

• Enfin, pour que la France ne soit pas en reste, n'oublions pas le cratère de **Rochechouart**, près de Limoges, longtemps méconnu — et pourtant si bien nommé ! Il a été identifié dès 1967 par le minéralogiste François Kraut grâce aux « brèches » retrouvées dans le sol, et utilisées pour la construction des thermes gallo-romains de Cassinomagus (aujourd'hui devenu Chassenon) ainsi que l'église et le château de Rochechouart. Cet astroblème, estimé à 20 km de diamètre, et dont la formation remonte à 200 millions d'années n'est plus lisible dans le paysage car il a été largement gommé par l'érosion [voir p. 60-61].

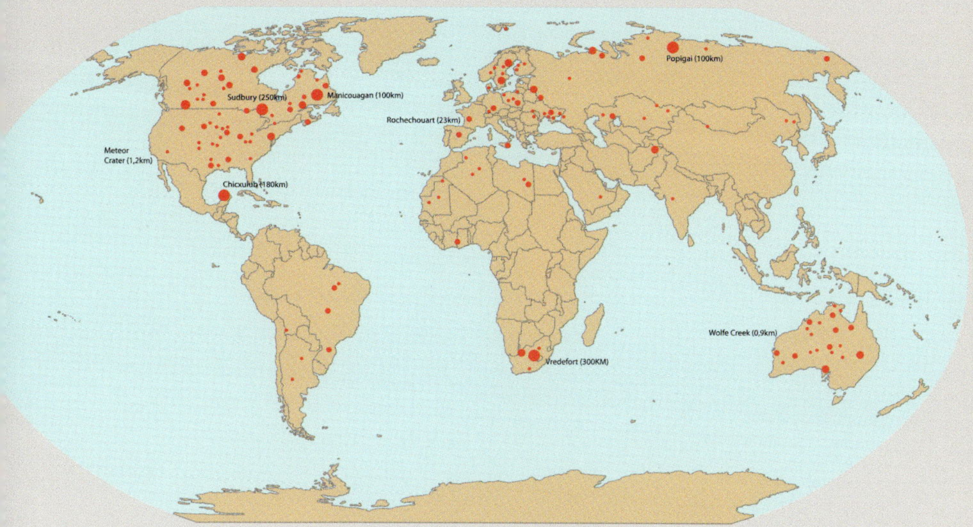

FIG. 29. Les principaux cratères d'origine météoritique dans le monde.

FIG. 30. Le cratère du Manicouagan au Canada, parfois appelé « l'œil du Québec » (© NASA).

La disparition des dinosaures

On en a aujourd'hui la preuve : c'est la chute d'une météorite qui a contribué à éradiquer 80 % des espèces vivantes sur la Terre, il y a 65 millions d'années. L'histoire de cette découverte récente s'apparente à une véritable enquête policière. Elle sera menée par deux détectives un peu particuliers. Les Alvarez, père et fils, sont tous deux chercheurs à l'université de Berkeley (États-Unis).

Une intuition géniale

Le père, Luis Alvarez, a la réputation d'être un touche-à-tout de génie. Physicien nucléaire, il a reçu le prix Nobel en 1968. Son fils Walter, géologue, étudie en 1978 des traces magnétiques dans une fine couche d'argile noire bien spécifique sur le site de Gubbio, en Italie. Il s'agit d'une bande horizontale, vieille de 65 millions d'années et nommée « limite C/T » (de Crétacé/Tertiaire) qui marque le passage de l'ère secondaire à l'ère tertiaire, et qui correspond, par ailleurs, à la disparition brutale de nombreuses espèces vivantes sur toute la Terre.

Mû par une intuition, Luis Alvarez demande à son fils d'y rechercher de l'**iridium**, métal très rare dans les roches terrestres, mais en revanche très abondant dans les météorites. Walter découvrira que dans cette couche d'argile, la concentration en iridium est anormalement élevée. Et au fil des années, les mesures confirmeront cet excès en iridium dans la couche C/T un peu partout sur la Terre : dans des falaises du Danemark, en France, en Tunisie, en Nouvelle-Zélande, au Texas, etc. Les Alvarez formulent alors cette hypothèse : si l'iridium

FIG. 31. La chute de Chicxulub dans la péninsule du Yucatán (Mexique). Gigantesque cataclysme qui s'est produit il y a environ 65 millions d'années.

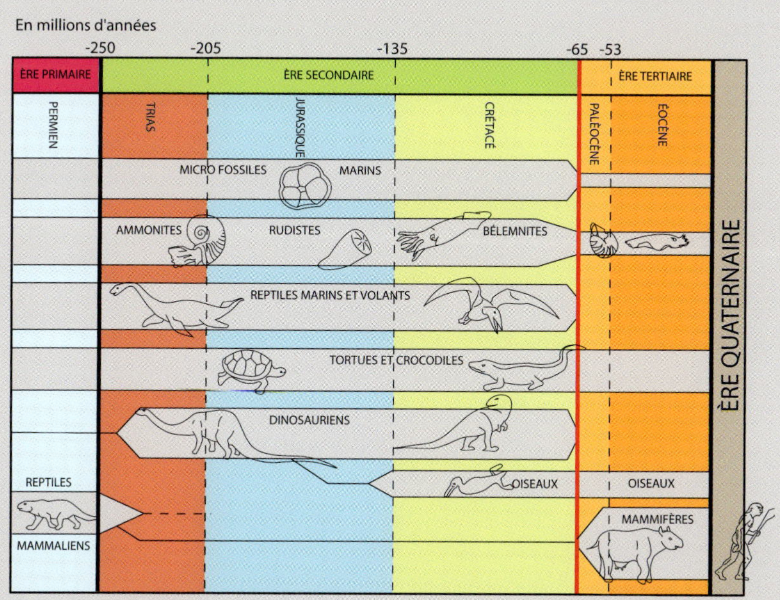

FIG. 32. Échelle des temps géologiques et espèces majeures sur Terre (schéma d'après les carnets du Muséum national d'histoire naturelle).

ne vient pas de la Terre, alors il vient du ciel. Cette anomalie en iridium est donc l'indice d'une catastrophe cosmique.

Ils imaginent qu'une gigantesque météorite a percuté la Terre il y a 65 millions d'années. Sous la violence du choc, elle s'est totalement vaporisée et un immense nuage de poussières chargé en iridium a obscurci l'atmosphère pendant de très nombreuses années. Du coup le soleil ne brille plus, la photosynthèse s'arrête, et bientôt la chaîne alimentaire s'interrompt.

C'est une sorte « d'**hiver cosmique** » qui éradiquera près de 80 % des espèces vivantes dont les fameux dinosaures... mais aussi les reptiles volants (ptérosaures) et d'innombrables animaux des mers : ammonites, bélemnites, reptiles marins, etc.

Plus tard toutes ces poussières riches en iridium et en suies finiront par retomber à la surface du globe, où d'autres sédiments les recouvriront peu à peu.

Mais cette hypothèse est trop innovante pour être acceptée par la communauté scientifique. D'autant plus qu'existe déjà la théorie d'un épais nuage de poussières recouvrant toute la Terre, mais qui, lui, serait le produit d'un volcanisme très actif à cette même époque, et dont on a retrouvé les traces en Inde (les trapps du Deccan).

Toutefois une question centrale subsiste : où serait tombée cette fameuse météorite ? C'est un heureux hasard qui fournira la réponse dix ans plus tard.

Chicxulub : histoire d'un génocide

En 1990, alors qu'ils procèdent à des forages dans le golfe du Mexique, des ingénieurs de la compagnie pétrolière PEMEX découvrent les traces d'un immense cratère sous-marin de 180 km de diamètre, centré sur **Chicxulub**, sous la presqu'île du Yucatán. Les indices habituels (quartz choqués, brèches, tectites etc.) datés de 65 millions d'années, confirmeront l'hypothèse des Alvarez, qui aujourd'hui, 30 ans plus tard, est largement validée. Le premier tueur extraterrestre, responsable d'un génocide exceptionnel, vient d'être identifié.

D'après les calculs, le bolide mesurait environ 10 km de diamètre, et l'énergie libérée équivalait à celles que dégageraient plus de 500 millions de bombes d'Hiroshima.

Outre les conséquences évoquées ci-dessus, la violence du choc a provoqué toute une série de catastrophes écologiques : un puissant tsunami marqué par des vagues de 3 000 mètres de haut, des vents atteignant 500 km/h, de gigantesques incendies détruisant la quasi totalité des forêts, suivis de pluies acides torrentielles…

Mais pour être juste il faut aussi rappeler que c'est la disparition des dinosaures qui a permis le développement des mammifères – dont nous faisons partie !

Il est donc permis de penser que c'est grâce à l'intervention céleste de ce bolide, que l'humanité a pu voir le jour !

> Chicxulub sonne comme un vocable de science-fiction. Mais en fait c'est le nom d'un village du Mexique qui, en langue maya, signifie « la queue du diable ».

Fig. 33. © Corey Ford

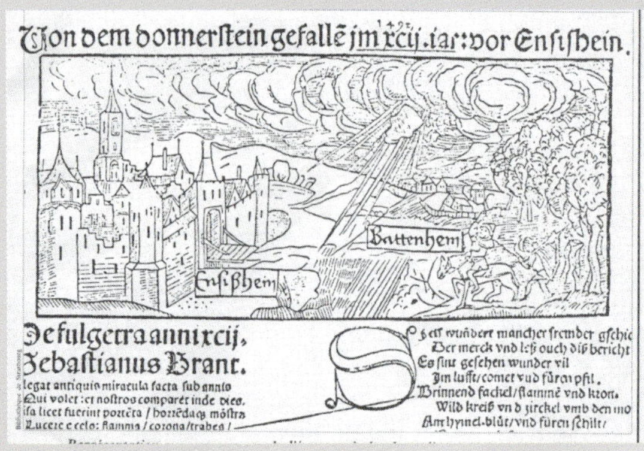

Von dem donnerstein gefallē jm xcij. iar: vor Ensisheín.

Ensißhem

Battenhem

De fulgetra anni xcij.
Sebastianus Brant.

legat antiquis miracula facta sub anno
Qui volet: et nostros comparet inde dies.
isa licet fuerint porte̅ta / horre̅daq̃ mo̅stra
Lucere e celo: flamma / corona / trabes /

S
ss etl wunderet mancher fremder gschic
Der merck vnd lesz ouch disz bericht
Es sint geschen wunder vil
Jm lufft / comet vnd füren pfil.
Brinnend fackel / flammē vnd kron.
Wild kreisz vn d zirckel vmb den mo
Am hymel-blůt / vnd füren schilt /

FIG. 34. La célèbre chute d'Ensisheim en 1492, décrite ici par Sébastien Brant.

FIG. 35. Ce fragment métallique, de 3,3 kg est issu de la météorite ferreuse de Sikhote-Alin qui a explosé dans le ciel de la Sibérie le 12 février 1947 (© Steve Jurvetson).

Chutes célèbres ou étonnantes

Nous venons de voir comment d'énormes bolides ont à la fois remodelé le visage de la Terre et bouleversé le cours de la vie sur notre planète. Mais qu'en est-il des météorites de taille plus modeste qui tombent chaque jour du ciel ? Voici quelques cas, choisis parmi les chutes les plus connues ou les plus originales.

• La plus vieille chute — dont on a effectivement gardé la trace — s'est produite au Japon le **19 mai 861** sur l'île de Kyushu. Une météorite de 472 grammes a traversé le toit d'un temple shintoïste à **Nogata** et c'est dans ce sanctuaire qu'elle est conservée depuis lors comme une précieuse relique. Une analyse pratiquée en 1979, soit plus de 1 000 ans après sa chute, a confirmé son origine extraterrestre.

• En Europe, la plus ancienne chute attestée, entendue à 150 km à la ronde, a eu lieu le 7 novembre 1492 à 11 h 30 du matin à **Ensisheim**, en Alsace. La pierre de 130 kg fut trouvée dans un champ de blé. Or dix-neuf jours plus tard, entrait à Ensisheim le roi Maximilien de Habsbourg, en guerre contre les Français. Brandissant solennellement un fragment de la météorite, le futur empereur d'Autriche déclara qu'il s'agissait là d'un signe divin annonçant sa prochaine victoire sur le roi de France Charles VIII. Ce qui motiva ses troupes et lui fit gagner la bataille de Dournon deux mois plus tard. Cette pierre qui a subi de nombreux prélèvements, ne pèse plus que 55 kg. On peut la voir aujourd'hui dans le musée de la Régence à Ensisheim dont elle fait la fierté.

• Le 14 mai 1864 vers 20 heures, une météorite de 14 kg s'écrase dans un champ de la commune d'Orgueil, dans le Tarn-et-Garonne. Il s'agit d'un type très rare dont on ne compte que sept spécimens dans le monde, la **pierre d'Orgueil** étant la plus massive. Elle est exceptionnelle car on y a découvert des traces d'acide aminé, des poussières de diamant, un gaz rare (le xénon-HL) et, en 2010, un excès de chrome 54 qui révèle qu'elle est plus vieille que le Soleil. Cette météorite reste l'une des plus étudiées, c'est elle qui aujourd'hui sert de référence mondiale pour définir la composition isotopique du système solaire primitif.

• Le 28 juin 1911, vers 9 heures du matin, une pluie de météorites se déverse près du village de **Nakhla**, non loin d'Alexandrie en Égypte. Un fragment rocheux frappe un chien et le tue. Après des années d'enquête, la météorite a été identifiée comme provenant de la planète Mars, ce qui est un cas extrêmement rare.

• À Sikhote-Alin (Sibérie orientale) le 12 février 1947, vers 10 heures du matin, des milliers de témoins aperçoivent dans le ciel une traînée lumineuse plus éblouissante que le Soleil. Plusieurs explosions retentissent et une pluie de fer s'abat sur plusieurs kilomètres carrés : c'est une météorite de fer qui vient d'éclater à 10 km d'altitude. Plus de 20 tonnes de fragments seront récoltées [*cf.* p. 54]. Le plus gros d'entre eux, qui pèse 1 745 kg, est exposé dans un musée de Moscou.

• Dans l'après-midi du 3 octobre 1962, un paysan de **Zagami** (Nigeria) s'attarde dans son champ pour en éloigner les corbeaux qui pillent son maïs. Soudain il entend une violente explosion, une onde de choc le renverse tandis qu'un projectile vient s'écraser à dix mètres de lui. Il s'approche et aperçoit un cratère d'environ 60 cm de profondeur au fond duquel gît une pierre noire. Après analyse, on découvrira qu'il s'agit d'une météorite martienne, la plus grosse jamais trouvée sur Terre. Pesant 18 kg, elle est évaluée à 1 000 $ le gramme. Soit cent fois plus que son poids en or !
En Afrique, les corbeaux portent chance. Ils sont considérés comme des guides et des protecteurs…

• Dans la nuit du 8 février 1969, peu après minuit, une pluie de météorites s'abat tout autour du village d'**Allende**, dans l'état du Chihuahua au Nord du Mexique. On ramassera environ 3 tonnes de roches, aussitôt réparties entre collectionneurs et laboratoires spécialisés du monde entier. Car très vite on s'apercevra qu'il s'agit d'une espèce rare de météorites — les chondrites carbonées — dont l'analyse fournira de précieux renseignements sur l'âge et la formation du système solaire. Baptisée « pierre de Rosette de la planétologie », la météorite d'Allende est sans doute la plus étudiée au monde.

• Le 9 octobre 1992, à 19 h 50 Michelle Knapp est chez elle dans son pavillon de **Peekskill** (banlieue de New York) quand un bruit violent fait vibrer toutes les vitres. Elle se précipite à sa fenêtre et découvre que le coffre de sa voiture a été défoncé. La police, accourue sur les lieux, découvrira une météorite de 12 kg, qui a creusé la chaussée après avoir traversé le coffre du véhicule.
Devenue pièce de collection, la vieille Chevrolet a été vendue aux enchères pour 9000 $ et fait aujourd'hui le tour du monde, tandis que la météorite a été cédée à un collectionneur contre 50 000 $.
La météorite de Peeskill est exceptionnelle car elle est la première à avoir été recueillie dans l'asphalte d'une rue, juste après avoir été filmée par des milliers de spectateurs qui assistaient à divers matchs sportifs.

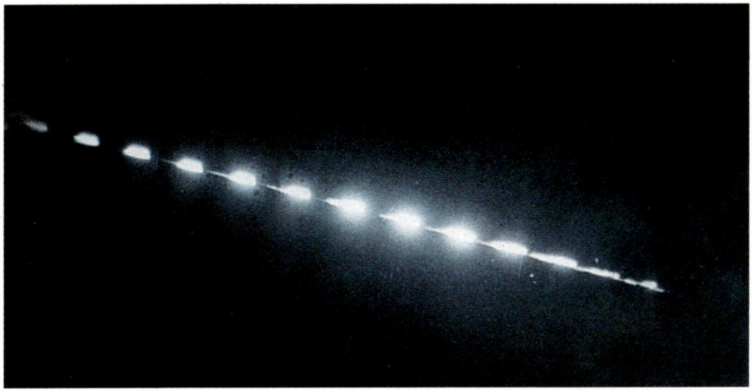

FIG. 36. La météorite de Peekskill qui sillonna le ciel de New York le soir du 9 octobre 1992.

Quelles menaces pour la Terre ?

Ce début du XXIe siècle, riche en convulsions bien terrestres, voit ressurgir de vieilles peurs millénaristes liées au ciel. Une partie de la presse et de nombreux livres s'en font l'écho avec complaisance, tandis que des films catastrophes mettent en scène avec brio l'arrivée imminente d'astéroïdes tueurs.
Notre planète est-elle réellement en danger ?
Paradoxalement le ciel est aujourd'hui sous surveillance, comme il ne l'a jamais été dans l'histoire, et aucune menace immédiate n'y a été détectée.
Cependant nous avons appris que la Terre, depuis sa naissance, a été plusieurs fois impactée par des astéroïdes tueurs venus de l'espace. Il n'est donc pas déraisonnable d'imaginer qu'un tel scénario puisse se reproduire.

Les météorites : une épée de Damoclès dans le ciel

Le danger dépend d'abord de deux paramètres : la taille et la nature de la météorite. Restent les deux questions essentielles : **quand et où** se produira la prochaine chute ? Seule une échelle de probabilités pourrait répondre à la première question. Quant à la zone terrestre impactée, jusqu'au dernier moment elle restera une énigme. À ce jour aucune parade efficace n'a été trouvée contre cette menace du ciel. Tous les ingrédients sont donc réunis pour installer un réel suspense au-dessus de nos têtes.

Chaque année on estime qu'il tombe sur la Terre entre 100 000 et 200 000 tonnes de matière météoritique (dont 90% sont des poussières de moins d'un gramme).

Les différents types d'impact

DIAMÈTRE DE LA MÉTÉORITE	FRÉQUENCE D'IMPACT	CONSÉQUENCES
Inférieur à 10 m	200 par an	Spectaculaires mais sans réel danger
Entre 10 et 100 m	environ 1 par siècle	Risques comparables à ceux d'un tremblement de terre (ex : Toungouska, 1908)
500 m	1 tous les 100 000 ans	Destruction totale d'un État de taille moyenne
1 km environ	1 tous les 300 000 ans	Très fort cataclysme : destruction d'une vaste région. Au moins 100 millions de morts
10 km et plus	1 tous les 100 millions d'années	Catastrophe planétaire. Extinction de masse (ex : Chicxulub, il y a –65 millions d'années)

L'énigme de la Toungouska

À l'aube du 30 juin 1908, un événement d'une rare violence se produit dans la Toungouska, région boisée et peu peuplée de Sibérie centrale. Une formidable explosion retentit à plus de 1 000 km à la ronde. La terre tremble, des milliers d'arbres sont couchés et brûlés dans un rayon de 30 km. Un gigantesque incendie ravage la forêt pendant plusieurs jours sur plus de 1 000 km^2.

À ce jour ce cataclysme reste une énigme. On évalue sa puissance à 1000 fois celle de la bombe d'Hiroshima. Aucune trace, ni de cratère, ni de météorite n'a pu être trouvée. L'hypothèse la plus plausible serait la désintégration en plein ciel d'un fragment d'astéroïde ou de comète…

Conclusion

Les anciens croyaient que les pierres qui tombent du ciel étaient des messages que les dieux envoyaient aux hommes. Aujourd'hui nous savons que les météorites sont réellement des messagères de l'espace. Aidés par ces nouveaux outils que sont les spectromètres de masse et les sondes ioniques (sortes de « balances à peser les atomes »), nous commençons à décrypter les informations que détiennent ces pierres extraterrestres.

Grâce à elles nous apprenons, peu à peu, dans quelles conditions s'est formé le système solaire, quel est l'âge de la Terre et comment naissent les atomes au cœur des étoiles. Comme le résume Brigitte Zanda, du Muséum national d'histoire naturelle : « L'analyse isotopique des météorites est un moyen de contempler en laboratoire l'intérieur des étoiles... »

La vie est-elle venue de l'espace ?

Les météorites sont capables d'anéantir la vie sur la Terre : nous en avons maintenant la preuve. Mais avant d'être une force de destruction, n'ont-elles pas d'abord été une force d'insémination ?

Plusieurs astrophysiciens avancent l'hypothèse, aujourd'hui sérieusement argumentée, que ce sont elles qui ont apporté les premiers germes de vie sur notre planète.

Très tôt, des chimistes avaient remarqué que certaines météorites contenaient des substances organiques. Cette découverte pose la question de savoir si cette matière organique a une origine cosmique, ou bien s'il s'agit tout simplement d'une contamination qui se serait produite ultérieurement sur la Terre.

Mais ce n'est qu'à partir des années 1970 que, dans certaines chondrites carbonées, on a réussi à détecter la présence de composés organiques dont l'origine extraterrestre était avérée : en particulier des acides aminés et des hydrocarbures. Et ce sont eux qui, au contact d'eau liquide, auraient pu initier des réactions chimiques permettant l'émergence de la vie sur la Terre.

Le débat reste ouvert.

FIG. 37. Rochechouart, la bien nommée ! Située près de Limoges, cette région possède le seul cratère d'origine météoritique répertorié en France. On estime que c'est la chute d'un astéroïde, il y a environ 200 millions d'années, qui a créé ce cratère de 20 km de diamètre, aujourd'hui largement gommé par l'érosion. Des quartz choqués et des roches spécifiques (les « brèches ») attestent de la violence de l'impact (© Christophe Gervier).

Glossaire

Ablation : Perte de matière d'une météorite pendant sa traversée de l'atmosphère.

Accrétion : Processus de croissance d'un astéroïde ou d'une planète par agglomération de grains de matière primitive de la nébuleuse solaire.

Achondrite : Météorite pierreuse différenciée. Composée surtout de silicates, pauvre en métal et sans chondres, elle provient du manteau des astéroïdes (représente 8 % des chutes).

Aérolithe : Mot ancien synonyme de météorite pierreuse.

Astéroïde : Petit corps du système solaire tournant autour du Soleil entre Mars et Jupiter. Appelé aussi petite planète.

Chondre : Petite sphère millimétrique de silicate présente dans une catégorie de météorite non différenciée, nommée chondrite.

Chondrite : Météorite primitive contenant des chondres et provenant d'astéroïdes non différenciés (représente 86 % des chutes).

Croûte de fusion : Fine pellicule noire bien spécifique qui s'est formée quand une météorite a traversé l'atmosphère à grande vitesse.

Datation isotopique : La transformation d'un isotope radioactif en un autre élément se déroule selon une période déterminée qui permet de mesurer l'âge d'une météorite.

Différenciation : Après leur formation, certains corps massifs (astéroïdes, planètes) voient leur matière s'échauffer et fondre. On les appelle corps différenciés. Les éléments lourds (fer, nickel) migrent vers le centre et les roches vers la surface. D'autres corps sont trop petits pour avoir subi ce processus : ce sont les corps non différenciés. Ils sont restés inchangés depuis leur formation.

Isotope : Le nombre de neutrons contenus dans le noyau d'un élément chimique définira plusieurs variétés de cet élément : ce sont ses isotopes. Un isotope peut être stable ou instable c'est-à-dire radioactif.

Quartz choqué : Quartz contenant de fines lamelles de silice amorphe créées par l'onde de choc d'une météorite.

Radioactivité : Un élément chimique est radioactif quand il se désintègre de lui-même pour donner un autre élément. Ainsi l'uranium 238 se transforme en plomb 206.

Regmaglypte : Empreinte ressemblant à une marque de pouce à la surface de la plupart des météorites.

Sidérite : Autre nom des météorites de fer. Composée de fer pur associé à un peu de nickel, elle provient du noyau des astéroïdes (représente environ 5 % des chutes).

Sidérolithe : Météorite mixte. Contient des silicates et du fer (représente 1 % des chutes).

Spectromètre de masse et sonde ionique : Appareils servant à dater les roches en y mesurant des compositions isotopiques en quantités infimes.

Tectite : Verre naturel formé à haute température à la suite d'un choc violent de météorites.

Sommaire

Bibliographie

ACKER A., *Astronomie-Astrophysique*, Paris, Dunod, 2007.
ALLÈGRE C., *De la pierre à l'étoile*, Paris, Fayard, 1985.
ALLÈGRE C., *Un peu de science pour tout le monde*, Fayard, 2006.
BOULEY S., *Les Risques naturels*, Delachaux et Niestlé, 2011.
BRAHIC A., *Les Enfants du Soleil*, Odile Jacob, 1999.
CARION A., *Les Météorites et leurs impacts*, Paris, Armand Colin,1993.
Collectif, *Les Météorites,* Paris, M.N.H.N & Bordas, 1996.
Collectif, *Les Météorites*, Paris, Les Cahiers du règne minéral, 2012.
GOUNELLE M. *Les Météorites*, Paris, PUF, 2010.
LEVASSEUR-REGOURD A-C, *Les Comètes et les astéroïdes, Paris,* Seuil, 1997.
LUMINET J.-P., *Le Feu du ciel*, Paris, Le Cherche midi, 2002.
LUMINET J.-P., *Astéroïdes : la Terre en danger*, Paris, Le Cherche midi, 2012.
MAURETTE M., *Chasseurs d'étoiles*, Paris, La Vilette, 1993.
MONOD T. & ZANDA B., *Le Fer de Dieu*, Arles, Actes-Sud, 1992.
POIRIER J.-P., *Ces pierres qui tombent du ciel*, Paris, Le Pommier, 1999.
REEVES H., *Poussières d'étoiles*, Paris, Le Seuil, 1984 & 2008.
SÉGUIN & VILLENEUVE, *Astronomie et Astrophysique*, Paris, De Boeck, 2002.
SMITH C., *Meteorites*, London, Natural History Museum, 2009.
TROMPETTE R., *La Terre, une planète singulière*, Paris, Belin, 2003.

Remerciements

Mes remerciement les plus vifs à Anaïs Billaud et Françoise Melguen
pour leurs conseils avisés et leur aide précieuse.

Du même auteur

La Lune, vérités et légendes

La Mesure du temps

Dans la même collection

(* existent aussi en breton)

Les Araignées
La Vie dans l'univers
*Le Ciel au fil des saisons**
*Le Phénomène des marées**
Les Planètes extrasolaires
*Les Gorilles**
Vie et mort des étoiles
*Du Big Bang à nos jours**
*Le Système solaire**

**et découvrez également la collection Espace des sciences junior
avec les séries Sais-tu pourquoi...?, Fais l'expérience ! et Espèce d'animal !**

Schémas : Clément Livenais

Éditions Apogée
11 rue du Noyer
35000 Rennes
T 02 99 32 45 95 F 02 99 32 45 98
contact@editions-apogee.com
www.editions-apogee.com

Dépôt légal : janvier 2013

Achevé d'imprimer en France sur les presses de l'imprimerie Jouve, à Mayenne.